# 10分钟
## 学做瘦身低热量料理

10分钟系列

郑颖 主编

黑龙江科学技术出版社
HEILONGJIANG SCIENCE AND TECHNOLOGY PRESS

U0312459

**图书在版编目（CIP）数据**

10分钟学做瘦身低热量料理 / 郑颖主编 . -- 哈尔滨：
黑龙江科学技术出版社，2018.9（2024.2 重印）
（10分钟系列）
ISBN 978-7-5388-9807-1

Ⅰ . ① 1… Ⅱ . ① 郑… Ⅲ . ① 减肥－菜谱 Ⅳ .
① TS972.161

中国版本图书馆 CIP 数据核字 (2018) 第 122512 号

# 10 分 钟 学 做 瘦 身 低 热 量 料 理

10 FENZHONG XUE ZUO SHOUSHEN DI RELIANG LIAOLI

| | | |
|---|---|---|
| 作　　者 | 郑　颖 | |
| 项目总监 | 薛方闻 | |
| 责任编辑 | 马远洋 | |
| 策　　划 | 深圳市金版文化发展股份有限公司 | |
| 封面设计 | 深圳市金版文化发展股份有限公司 | |
| 出　　版 | 黑龙江科学技术出版社 | |
| | 地址：哈尔滨市南岗区公安街 70-2 号　　邮编：150007 | |
| | 电话：（0451）53642106　　传真：（0451）53642143 | |
| | 网址：www.lkcbs.cn | |
| 发　　行 | 全国新华书店 | |
| 印　　刷 | 小森印刷（北京）有限公司 | |
| 开　　本 | 723 mm × 1020 mm　　1/16 | |
| 印　　张 | 10 | |
| 字　　数 | 120 千字 | |
| 版　　次 | 2018 年 9 月第 1 版 | |
| 印　　次 | 2018 年 9 月第 1 次印刷　2024 年 2 月第 4 次印刷 | |
| 书　　号 | ISBN 978-7-5388-9807-1 | |
| 定　　价 | 48.00 元 | |

# Contents

裹着水果食用更加美味！

## Chapter 1
## 低热量料理瘦身基础知识

## Chapter 2
## 美好的一天从早餐开始

# Chapter 3
# 就算减肥也要吃好午餐

# Chapter 4
# 蔬果轻食是晚餐的亮点

# Chapter 5
## 无负担享用减糖下午茶

## Chapter 1

### 低热量料理瘦身基础知识

肥胖，不仅影响我们的外貌，
过度肥胖还会影响我们的健康，
所以，减肥瘦身是为了健康。
说到健康瘦身，低热量料理可是绝佳的选择，
健康科学，营养丰富，
最重要的是，你还能收获好身材！

# 你的体重符合标准吗

体重与健康是挂钩的，太胖会引发多种慢性疾病，如高血压、心脑血管疾病、脂肪肝和呼吸系统疾病等。

现代爱美的青年男女们都在追求苗条靓丽的外形，通过各种各样的运动、节食、吃减肥产品等方法来让自己看起来更瘦。但也不是越瘦越好，体重其实有多种标准，如BMI指数、标准体重、美容体重。可以事先进行了解，确定自己的BMI指数，然后根据自身情况设定相应的目标，这样减肥才能有的放矢，一步一步地朝目标努力，直到达到自己的满意体重。

## 偏胖

中国肥胖问题工作组规定BMI指数超过25就是偏胖，超过28则是肥胖。

BMI指数=体重（千克）÷〔身高（米）×身高（米）〕

## 标准

标准体重是BMI指数为22，这是我们可以预先设定的目标。

标准体重=身高（米）×身高（米）×22

## 苗条

想要拥有健康身体、苗条身材的人可以将美容体重定为目标。

美容体重=身高（米）×身高（米）×（18~20）

但是需要注意，一个月瘦1~2千克是减肥瘦身最为理想的状态。

# 确定分量和估计热量

在饮食的调理过程中，对食物热量、重量和体积应该要有大致的估算和印象。如果记不清楚，可去相关网站或者APP查询食物热量。对食物分量和热量快速直观地估算，有助于我们在日常生活中把握热量的摄取，对瘦身极有助益。

## ·常见食材

1个苹果
250克
544千焦

1个土豆
120克
389千焦

6根菜心
100克
105千焦

1片白切片面包
40克
167千焦

1盒低脂牛奶
250毫升
448千焦

1杯鲜橙汁
250毫升
469千焦

## ·常见熟食

1碗白米饭
100克
599千焦

1个煮鸡蛋
50克
293千焦

1个煎鸡蛋
50克
209千焦

1碗肉汤
250毫升
314千焦

1碗菜汤
250毫升
134千焦

白煮鸡胸肉
100克
419千焦

# 10分钟快速烹饪的秘籍

　　有一些食材可以提前准备好，这样方便烹饪的同时，减少了烹饪时间，从而让真正吃饭的时间变长，细细咀嚼，才能帮助身体更好地消化，减少肥胖的发生。

## · 面团

**材料**

无盐黄油20克，低筋面粉200克，盐0.5克

**做法**

1.准备一个大碗，倒入低筋面粉。

2.加入室温软化的黄油、少许盐。

3.搅拌至黄油融入面粉中。

4.倒入适量的矿泉水，用手揉成面团。

- - - - - - - - - - - - - - - - - - - - - - - - - - - - - - - - -

## · 面糊

**材料**

鸡蛋1个，低筋面粉100克，黄油20克，牛奶70毫升

**做法**

1.将鸡蛋打在备好的盘中，打散调匀，待用。

2.注入适量的牛奶，搅拌均匀。

3.倒入黄油，搅拌均匀。

4.筛入低筋面粉，充分搅拌均匀即成面糊。

## ·挞皮

### 材料

无盐黄油75克，糖粉20克，蛋黄1个（约20克），低筋面粉125克

### 做法

1. 无盐黄油提前室温软化，然后倒入搅打盆中。

2. 加入过筛后的糖粉，用橡皮刮刀搅拌均匀，搅打至无盐黄油泛白、体积膨胀。

3. 加入蛋黄，用电动打蛋器打发。

4. 筛入低筋面粉，用橡皮刮刀翻拌均匀，成光滑的面团，放入冰箱冷藏30分钟后取出。

5. 将面团分成等量的小面团，揉圆，压扁，放入冰箱冷藏。

- - - - - - - - - - - - - - - - - - - - - - - - - - - - - - - - - - - - - - - - - -

## ·派皮

### 材料

低筋面粉200克，细砂糖5克，盐2克，冰水75毫升，无盐黄油150克

### 做法

1. 把过筛的低筋面粉、细砂糖、盐放入无水无油的干净搅打盆中，用手动打蛋器

搅拌均匀。

2. 慢慢加入冰水，再加入冷藏过的无盐黄油。

3. 使用橡皮刮刀搅拌均匀，直至无干粉的状态。

4. 揉成光滑的面团，将面团包好保鲜膜，放入冰箱冷藏30分钟左右。

5. 取出面团，分成等量的小面团（具体分量根据自家的派模具的大小决定）。

**Point**　密封冷藏保存面团、面糊，可保存3天。
密封冷冻保存面团，可保存10天。
派皮密封常温保存，可保存3天。

# 有益于瘦身的花样食材

日常饮食中，可以优先选择低热量、低脂的食物，比如肉类中以瘦牛肉、鱼肉较为合适，可以更好地保证低热量瘦身效果。

### 黄瓜

黄瓜的含水量为96%~98%，它脆嫩清香、味道鲜美、营养丰富。黄瓜是热量超低的减肥食品，每百克黄瓜仅含有63千焦热量，而它所含的大量维生素和纤维素却能帮助消除便秘和加快脂肪燃烧。

### 生菜

生菜含有大量维生素B$_1$、维生素E、维生素C、膳食纤维和微量元素，有美白和保护视力的作用。生菜中膳食纤维和维生素C的含量较白菜多，有消除多余脂肪的作用，每百克生菜仅含有63千焦热量，故又被叫作减肥生菜。

### 番茄

番茄含有丰富的胡萝卜素、维生素C和B族维生素，具有减肥瘦身、消除疲劳、增进食欲等功效。番茄是既美味又瘦身的减肥食品，每百克番茄仅含有80千焦热量，是一种能直接生吃的减肥零食。

### 苹果

苹果含丰富的营养，易被人体吸收，味甜，口感爽脆，是世界四大水果之冠。苹果中糖类、水分、纤维、钾的含量都较高，可缓解便秘、消除水肿，而且每百克苹果中仅含218千焦热量，非常适合减肥时食用。

### 鸡胸肉

鸡胸肉蛋白质含量较高，且易被人体吸收利用，有增强体力、强壮身体的作用。鸡胸肉是鸡身上热量比较低的部位，每百克鸡胸肉中仅含有138千焦热量，是减肥期间蛋白质的最佳来源之一。

### 木瓜

木瓜的果皮光滑美观，果肉厚实细致、香气浓郁、汁水较多、甜美可口、营养丰富，有"百益之果""水果之皇"的雅称。木瓜热量较低，每百克木瓜中含113千焦热量，它还含有一种木瓜酵素，有分解脂肪的效果，可以去除赘肉。

### 牛奶

牛奶中含有丰富的钙、维生素D等，包括人体生长发育所需的全部氨基酸，消化率可高达98%，是其他食物无法比拟的。每百克牛奶中含226千焦热量，牛奶还含有丰富的钙元素，能帮助人体燃烧脂肪，减肥时最好选择低脂或脱脂牛奶。

### 虾

虾主要分淡水虾和海虾，虾肉肥嫩鲜美，不腥无刺。虾几乎不含脂肪，是优质的蛋白质来源，富含多种矿物质，每百克虾中仅含有331千焦热量，适宜减肥期间食用。

### 草莓

草莓的果肉多汁，酸甜可口，香味浓郁，是水果中难得的色、香、味俱佳者，常被人们誉为"果中皇后"。草莓的热量较低，每百克草莓中仅含126千焦热量；草莓还含有丰富的维生素C，有帮助消化的功效，特别适宜减肥者食用。

# 让瘦身成为一种生活习惯

瘦身不仅是一种口号，更应该成为一种生活习惯。除了要对日常生活中的饮食加以控制外，生活中的一些小习惯，也可以成为瘦身的帮手，只要你坚持，身材会变得越来越完美！

## 向空腹感说"不"

极度饥饿的时候才吃饭的话，会使血糖值急剧上升。因此在肚子饿的时候，吃零食也是可以的。尽量选择含糖量低的坚果、奶酪和无糖酸奶等当作零食。

## 尽可能长时间地咀嚼食物

长时间地咀嚼食物能够刺激大脑，使之分泌能带来饱腹感的物质——组织胺。这些物质能够抑制食欲，促进体内脂肪的分解，并能让体温上升，加速热量的代谢。

## 调料使用油也OK

调料如盐、胡椒、酱油、蛋黄酱、黄油、橄榄油等属于低糖料理，使用时不用担心。而甜酒和料酒、酱、番茄酱、调味汁等含糖量多的调料则要注意少使用。

## 每天测量记录体重

人的体重在一天中是会变化的，因此每天基本在同一时间测量吧。每天记录，就可以确认体重的变化，集中精神来减肥。每天都保持动力，坚持下去，低热量料理的效果值得期待！

## 做菜时不要煮太久

我们一般会认为汤要熬煮久一点才好。其实烹饪得越久，营养成分就损失得越多。

可将食材切成小块以缩短烹饪的时间。汤饮和果汁部分建议采用热水烫熟、搅拌机搅拌和微波炉加热等方法，以此来缩短时间。

## 多多喝水

每天喝八杯水，拒绝碳酸饮料，这是保证苗条身材最有效的办法之一。大家可以在早上吃早餐之前喝杯白开水或者蜂蜜水，这样能够有效加速肠胃的蠕动，把前一夜体内的垃圾、代谢物排出体外，从而减少小肚腩出现的机会。大家在没有口渴的时候，也应该给身体补充水分，体内缺水会导致新陈代谢水平大大降低，不利于瘦身哦！

## 良好的睡眠

多项研究发现，熬夜会让体内肾上腺激素分泌过多，因此睡眠不足的人，食欲会变得特别好，这样一来就会摄入超过我们身体需求的热量，自然就不容易变瘦啦！睡眠的最佳时间是在晚上11点至次日凌晨4点，这时身体会对内脏进行自我修复和调理，生长激素的分泌也会变得旺盛，以加速脂肪的分解。

## 适当的按摩

粗盐有很好的发汗作用，它可以帮助我们排出体内的废物及多余的水分。大家可以买几袋粗盐，洗完澡后，抓上一把，绕着肚脐顺时针按摩小腹50圈，再逆时针按摩小腹50圈，然后双手交叠由上往下用力按摩50次。坚持1~2个月，你会惊奇地发现腰围缩小了啊！

# Chapter 2

## 美好的一天从早餐开始

人们常说，早餐要吃得像皇帝一样，
可见，早餐是非常重要的。
早餐可以唤醒睡了一晚的身体和灵魂，
就算处于减肥期的朋友也不能错过，
只要将热量控制在一定范围内，
就能帮助身体加快代谢。

营养满满，活力十足！

# 香糯南瓜粥

烹饪时间
10分钟

难易度
★ ☆ ☆

热量
624千焦

## 材料

大米……100克
南瓜……150克

## 调料

盐……少许

## 做法

**1** 大米提前用适量清水浸泡，煮熟后备用。

**2** 南瓜洗净去皮，再切成小块。

**3** 南瓜装入碗中，放入蒸锅蒸熟。

**4** 蒸熟的南瓜放凉，用勺子捣碎成泥。

**5** 砂锅注水烧开，倒入米饭，盖上盖焖煮7分钟。

**6** 揭盖，加入南瓜泥和盐，搅拌匀即可。

## Point

蒸南瓜时也可以加入少许白糖，会使蒸好的南瓜更美味可口，放入粥中也会使粥更美味。

烹饪时间
8分钟

难易度
★ ☆ ☆

热量
1368千焦

营养满满，活力十足！

# 樱桃番茄意大利面

**材料**

樱桃番茄……50克
熟意大利面……100克
薄荷叶……适量

**调料**

橄榄油……适量
奶酪……少许
盐……适量

**做法**

**1** 将樱桃番茄洗净，对半切开待用。

**2** 部分奶酪切成薄片；部分薄荷叶切碎，待用。

**3** 将熟意大利面放入沸水锅中焯水，捞出意大利面，放入凉水中浸泡。

**4** 在烧热的锅中倒入橄榄油，将樱桃番茄放入锅中，加适量盐翻炒片刻。

**5** 将奶酪片、意大利面、薄荷叶碎放入锅中翻炒匀盛出。

**6** 放上薄荷叶与奶酪装饰即可。

## Point

可以一次煮多一些意大利面，沥干水分后过一下凉水，放入冰箱中分几次食用。

| 烹饪时间 | 难易度 | 热量 |
|---|---|---|
| 10分钟 | ★★☆ | 2218千焦 |

营养满满，活力十足！

# 葱油饼

**材料**

面粉……150克
葱花……20克

**调料**

盐……3克
鸡粉……3克
食用油……适量

**做法**

1 面粉中加入适量清水，和成面团，放入碗中，封上保鲜膜，放置片刻，备用。

2 取出面团，在面团上撒适量面粉，用擀面杖将面团擀平。

3 倒入食用油、盐、鸡粉，撒入葱花，卷起来。

4 再撒上适量面粉，用擀面杖将面团擀开。

5 热锅注油，将饼放入锅中炸，炸至两面呈金黄色，关火。

6 将煎好的饼盛出，放在案板上切开，放入备好的盘中即可。

## Point

喜欢吃鸡蛋的朋友，也可以加鸡蛋。

| 烹饪时间 | 难易度 | 热量 |
|---|---|---|
| 10分钟 | ★★☆ | 1883千焦 |

营养满满，活力十足！

# 炸虾蔬菜卷饼

## 材料

河虾……100克
面粉……80克
生菜……200克
面团……适量
姜末……少许
鸡蛋……1个

## 调料

胡椒粉……适量
黑胡椒碎……适量
盐……适量
食用油……适量

## 做法

1 河虾汆烫至变色捞出沥干，加姜末、盐、胡椒粉和黑胡椒碎拌匀，再放入面粉、鸡蛋。

2 用勺子挖一勺虾球，等油温五成热，入锅炸至酥脆。

3 将炸好的虾球捞出，沥干油分，待用。

4 将面团擀成薄皮，放入平底锅中两面烙熟。

5 烙好的饼中铺上洗净的生菜，摆上炸好的虾球。

6 将饼卷好，用油纸包好即可。

### Point

面团的黏稠度非常重要，过稀会造成面浆不易成形，过稠的话煎出的饼会过硬。

营养满满，活力十足！

烹饪时间
10分钟

难易度
★★★

热量
1678千焦

# 水波蛋的早餐薄饼

## 材料

面糊……适量
鸡蛋……1个
蛋黄……1个
黄芥末酱……10克
柠檬汁……3毫升
无盐黄油……少许
罗勒叶……少许

## 调料

盐……少许
白醋……少许

**做法**

1 平底锅擦上少许无盐黄油加热。

2 倒入薄饼面糊使之呈圆片状，用中小火煎片刻至上色。

3 翻面，再煎至上色，折成三角形，即成薄饼。

4 将薄饼盛出，装入盘。

5 另起平底锅，倒入适量清水、白醋、盐，煮至微微沸腾。

6 打入一个鸡蛋，改中小火煮3分钟。

7 取出水煮蛋，沥干水分，放在薄饼上。

8 将蛋黄、黄芥末酱倒入大玻璃碗中，搅拌均匀。

9 倒入柠檬汁、熔化的无盐黄油，快速搅拌均匀，即成荷兰酱。

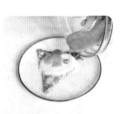

10 将荷兰酱淋在水煮蛋上，放上罗勒叶作装饰即可食用。

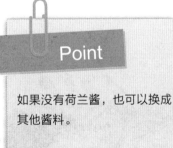

**Point**

如果没有荷兰酱，也可以换成其他酱料。

烹饪时间
10分钟

难易度
★★☆

热量
1880千焦

# 沙拉蔬菜松饼

## 材料

高筋面粉……90克
菠菜汁……100毫升
鸡蛋……1个
扁桃粉……30克
酵母粉……2克
生菜叶……少许
糖渍樱桃……1个

## 调料

沙拉酱……适量
盐……1克
细砂糖……5克
橄榄油……少许

**做法**

1 将备好的高筋面粉、扁桃粉倒入大碗中。

2 放入备好的酵母粉、盐。

3 加入少许细砂糖，用手动打蛋器搅拌均匀。

4 将菠菜汁、鸡蛋倒入小玻璃碗中，用手动打蛋器搅拌均匀。

5 将菠菜汁倒入面粉混合物中。

6 搅拌成泥糊状。

7 平底锅中刷上少许橄榄油，用中火加热，往平底锅中舀入适量面糊，煎至成形。

8 翻一面，继续煎至成形，盛出装入盘中。

9 在煎好的松饼上挤上沙拉酱。

10 放上生菜叶、糖渍樱桃即可。

## Point

菠菜汁还可以换成榨好的胡萝卜汁，不仅颜色漂亮，味道同样美味。

营养满满，活力十足！

# 水果热松饼

|  烹饪时间 8分钟 |  难易度 ★☆☆ | 热量 1883千焦 |
|---|---|---|

## 材料

西柚……120克　　黄油……5克
芒果……150克　　牛奶……70毫升
鸡蛋……1个
低筋面粉……80克

## 做法

**1** 洗净的西柚切开去皮，切成小块，待用。

**2** 洗净的芒果切开去皮，取果肉，待用。

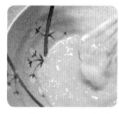

**3** 将鸡蛋打在备好的盘中，打散调匀，待用。

**4** 盘中注入适量牛奶，拌匀，倒入融化好的黄油，搅拌均匀，筛入低筋面粉，拌匀成面糊。

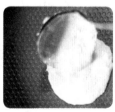

**5** 平底锅烧热，倒入适量面糊，煎至表面起泡，翻面，煎至两面焦糖色盛出。

**6** 装盘，在盘子旁边摆上切好的水果即可。

### Point

煎蛋饼时，待表面浮现泡泡，再翻面最为合适。

营养满满，活力十足！

烹饪时间
10分钟

难易度
★★☆

热量
1605千焦

# 法式苹果卷

## 材料

面团……100克
核桃……25克
葡萄干……15克
苹果……1个
鸡蛋液……适量

## 调料

色拉油……适量
糖粉……少许

**做法**

1 将面团从两端往外撑开，小心拉扯面团，直到面团变成薄薄的、能透光的面皮。

2 将洗净的苹果对半切开，去核，再改切成薄片。

3 平底锅中倒入色拉油加热，倒入苹果片，翻炒均匀至苹果变软。

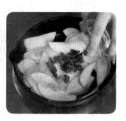

4 倒入葡萄干、核桃，翻炒均匀，关火，待用。

5 在操作台上铺上保鲜膜，再放上薄面皮。

6 将炒好的材料铺在薄面皮上，提起保鲜膜，让面皮包裹住材料，卷起来。

7 在贴合处表面刷上少许水，再继续卷完，即成苹果卷。

8 将苹果卷两端折进去收口，在苹果卷表面刷上鸡蛋液。

9 取烤盘，放上苹果卷，再移入已预热至190℃的烤箱中层，烤10分钟至上色。

10 取出烤好的苹果卷，稍稍放凉后切成大小一致的块，将糖粉过筛至切好的苹果卷上，放入盘中摆好即可。

## Point

如果希望热量更低，可以去除核桃和葡萄干。

| 烹饪时间 | 难易度 | 热量 |
| --- | --- | --- |
| 8分钟 | ★☆☆ | 908千焦 |

营养满满，活力十足！

# 草莓沙拉吐司

## 材料

方片吐司……1片
草莓……80克
洋葱……80克
番茄……80克
生菜、西芹碎……各少许

## 调料

沙拉酱……少许
黄油……少许

## 做法

**1** 将方形吐司切去边，再一分为二，切成两个长方形块。

**2** 草莓洗净，对半切开。

**3** 吐司块上放上切碎的黄油，放入烤箱，烤至黄油熔化，取出。

**4** 放上切开的草莓，撒上备好的西芹碎。

**5** 洋葱洗净切丝，番茄洗净切块，生菜洗净撕碎。

**6** 将处理好的蔬菜放入碗中，挤入沙拉酱拌匀即可食用。

## Point

草莓可以换成其他应季的水果，颜色鲜艳的水果看起来会更有食欲。

| 烹饪时间 | 难易度 | 热量 |
|---|---|---|
| 8分钟 | ★☆☆ | 1415千焦 |

营养满满，活力十足！

# 乳酪蔬菜三明治

## 材料

吐司片……2块
芝士片……1片
紫洋葱丝……150克
小酸黄瓜……2个
包菜……适量

## 调料

沙拉酱……适量

## 做法

1 将吐司片放入烤盘，入烤箱，烤片刻至吐司微黄，备用。

2 取出烤好的吐司片。

3 将吐司修齐整，放上芝士片，放入预热至200℃的烤箱中层烤制5分钟取出。

4 包菜洗净，切成丝，备用。

5 将备好的小酸黄瓜切成小丁。

6 取出烤好的吐司片，一片放上洋葱丝、小酸黄瓜丁、包菜丝，挤上沙拉酱，放上另一片吐司片，对角切开即可。

### Point

沙拉酱也可以换成番茄酱。

营养满满，活力十足！

# 土豆沙拉三明治

|  |  |  |
|---|---|---|
| 烹饪时间 9分钟 | 难易度 ★★☆ | 热量 1649千焦 |

## 材料

土豆泥……100克
小黄瓜……70克
水煮蛋……1个
罐头甜玉米……15克
胡萝卜……10克
吐司……2片

## 调料

盐……适量
胡椒……适量

## 做法

1 取出土豆泥。

2 小黄瓜洗净切圆薄片。

3 放入碗中，洒上少许盐，腌渍片刻，洗净盐分并充分沥干。

4 将胡萝卜洗净去皮，切成末；水煮蛋的蛋黄压碎，蛋白切细丁状。

5 土豆泥中加入切好的食材、甜玉米，放入盐、胡椒混合，充分搅拌均匀成肉馅。

6 将内馅平铺于一片吐司上，再盖上另一片吐司，最后以斜刀切成均等的4块即可。

## Point

切水煮蛋的时候，可以将刀放入凉水中浸一下，这样不容易粘黏。

营养满满，活力十足！

# 咖喱鸡肉三明治

|  |  |  |
|---|---|---|
| 烹饪时间<br>10分钟 | 难易度<br>★ ☆ ☆ | 热量<br>1762千焦 |

## 材料

吐司片……2片
鸡胸肉……100克
黄彩椒……1个
香菜叶……少许

## 调料

青酱……少许
盐……少许
咖喱粉……适量
食用油……适量

## 做法

1 将鸡胸肉放入盐水中浸泡片刻，捞出吸干水分，两面撒上咖喱粉、盐，腌渍。

2 煎锅注油烧热，放入鸡肉，将其煎熟，盛出。

3 洗净的黄彩椒在火上烤至表皮黑色，将烤黑的彩椒放入冰水中浸泡片刻。

4 将烤黑的表皮洗去，切开去子，再切成条。

5 煎锅上油烧热，放上吐司片，煎上花纹。

6 取一片吐司涂上少许青酱，铺上鸡肉、彩椒条、香菜叶，再叠上吐司片，斜角对切开即可。

## Point

烤甜椒是为了更好地去除甜椒的外皮，使甜椒的整个甜味与香味浓缩，食用时更加可口。

营养满满，活力十足！

# 鲜虾欧姆蛋三明治

|  |  |  |
|---|---|---|
| 烹饪时间<br>8分钟 | 难易度<br>★ ☆ ☆ | 热量<br>1967千焦 |

## 材料

吐司……2片
切达芝士……1片
冷冻虾……3只
鸡蛋、洋葱……各适量
酸黄瓜……1个
牛奶……少许

## 调料

番茄酱……适量
盐……适量
芥末酱……适量
食用油……适量

## 做法

1 将切达芝士切成长宽约1厘米的四方形。

2 冷冻虾解冻，切成粒；洋葱切块。将鸡蛋拌匀，加入切块芝士、虾、洋葱、牛奶、盐拌匀。

3 在平底锅中加入食用油，将蛋液倒入平底锅中做成欧姆蛋，起锅对半切开。

4 将酸黄瓜捣碎，吐司的一面抹上番茄酱，再加入捣碎的酸黄瓜。

5 放上做好的鲜虾欧姆蛋。

6 最后加适量的番茄酱和芥末酱即可食用。

### Point

要做出嫩软蓬松厚实的蛋饼，可以只取蛋白，加牛奶或奶油或水，快速搅拌，打出泡沫包住蛋内水分。

| 烹饪时间 | 难易度 | 热量 |
|---|---|---|
| 15分钟 | ★☆☆ | 620千焦 |

营养满满，活力十足！

## 山药冬瓜玉米汁

## 材料

冬瓜……120克
山药……50克
玉米粒……100克

## 做法

1 山药洗净去皮，切块。

2 冬瓜洗净去皮，切块。

3 热水锅中放入玉米粒，煮10分钟，捞出。

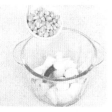

4 取榨汁机，放入冬瓜块、山药块、玉米粒。

5 加入200毫升清水，榨成汁。

6 过滤好即可。

## Point

冬瓜中所含的丙醇二酸，能有效地抑制糖类转化为脂肪，加之冬瓜本身不含脂肪，热量不高，对于防止人体发胖具有显著效果。

039

扫一扫学烹饪

营养满满，活力十足！

# 胡萝卜木瓜苹果汁

|  |  |  |
|---|---|---|
| 烹饪时间<br>5分钟 | 难易度<br>★☆☆ | 热量<br>335千焦 |

## 材料

去皮胡萝卜……80克
木瓜……50克
苹果……50克

## 做法

**1** 木瓜去皮、子，洗净切成块。

**2** 去皮胡萝卜切成厚片，苹果洗净切块，备用。

**3** 把胡萝卜片、苹果块、木瓜块倒进榨汁机。

**4** 倒入150毫升清水，启动榨汁机，搅打成汁，备用。

**5** 取下榨汁机机头、盖子、刀片，备用。

**6** 蔬果汁过滤好，点缀胡萝卜即可饮用。

## Point

木瓜能润肤养颜；胡萝卜含有大量胡萝卜素，有补肝明目的作用。一起榨汁，可轻身、护肤、明目。

营养满满，活力十足！

# 葡萄柚醋栗青柠檬汁

烹饪时间 5分钟　难易度 ★☆☆　热量 356千焦

## 材料

葡萄柚……150克
红醋栗……40克
青柠檬……20克

## 做法

1 葡萄柚洗净切开、去皮，改切成块。

2 青柠檬挤出汁。

3 榨汁杯中倒入切好的葡萄柚块、洗好的红醋栗。

4 加入青柠檬汁，倒入200毫升清水。

5 将榨汁杯放在榨汁机上。

6 榨取果汁，过滤入杯中即可。

## Point

红醋栗香甜可口，葡萄柚清新微苦，加入清新淡雅的青柠檬汁，营养丰富、延缓衰老，让人身心愉悦。

烹饪时间
5分钟

难易度
★☆☆

热量
753千焦

 营养满满，活力十足！

# 香蕉火龙果汁

## 材料

香蕉……80克
红心火龙果……200克

## 做法

1 红心火龙果去皮，切成小块。

2 香蕉去皮切块。

3 榨汁杯中倒入切好的香蕉。

4 倒入切好的红心火龙果。

5 盖上盖，放在榨汁机上。

6 把食材搅打成昔即可。

## Point

火龙果中富含少有的植物性白蛋白，这种有活性的白蛋白会自动与人体内的重金属离子结合，通过排泄系统排出体外，从而起到解毒的作用。

## Chapter 3

# 就算减肥也要吃好午餐

一日三餐是我们每天必不可少的，
对于减肥的朋友们来说午餐也应该吃好点，
有选择性地摄入富含纤维且低热量的食物，
可以促进肠胃蠕动，
让消化系统保持年轻活力！

减肥也能好好吃午餐！

# 鸡汁拉面

| 烹饪时间 | 难易度 | 热量 |
|---|---|---|
| 7分钟 | ★☆☆ | 1465千焦 |

## 材料

乌冬面……1袋
鸡胸肉……35克
海苔……适量
炸蒜片、芹菜末……各少许
鸡骨高汤……400毫升

## 调料

盐……2克
鸡粉……2克
生抽……4毫升

## 做法

**1** 将洗净的鸡胸肉切片，再切小块，备用。

**2** 锅中注水烧开，放入乌冬面，煮约4分钟，至面条熟透，关火后捞出面条，沥干水分，待用。

**3** 另起锅，注入鸡骨高汤，用大火略煮片刻。

**4** 加入盐、鸡粉，拌匀，淋入适量生抽，拌匀。

**5** 待汤汁沸腾，倒入鸡肉，拌匀，煮至断生，制成汤料，待用。

**6** 取一个汤碗，倒入煮熟的面条，盛入锅中的汤料，撒上炸蒜片、芹菜末，放入海苔即成。

### Point

面条下锅后，要搅拌匀，以免结成块。

减肥也能好好吃午餐！

# 芝麻酱乌冬面

|  烹饪时间 10分钟 |  难易度 ★☆☆ |  热量 1445千焦 |
| --- | --- | --- |

## 材料

乌冬面……200克
黄瓜……100克
番茄……60克
高汤……50毫升
白芝麻……少许

## 调料

陈醋……3毫升
盐……适量
椰子油……适量
芝麻酱……少许
辣椒粉……少许

## 做法

1 洗净的黄瓜切段，再改切丝。

2 洗净的番茄去蒂，对半切开，切成瓣。

3 锅中注入适量清水烧开，加少许盐，倒入乌冬面，煮至断生，将煮好的乌冬面捞出。

4 再放入凉开水中浸泡片刻，捞出沥干，装入碗中，待用。

5 取一碗，放入椰子油、白芝麻、陈醋，再加入高汤、清水、辣椒粉，搅拌匀，浇在乌冬面上。

6 淋上芝麻酱，摆放上番茄、黄瓜丝即可。

## Point

煮乌冬面的时候，加少许盐，面会更加Q弹。当然要是有条件也可以自己在家做手擀新鲜的乌冬面，会非常美味哦。

减肥也能好好吃午餐！

| 烹饪时间 | 难易度 | 热量 |
|---|---|---|
| 8分钟 | ★★☆ | 1350千焦 |

# 海鲜伊面

## 材料

蛏子、花蛤……各50克
对虾……50克
细面……150克
高汤……少许
葱花、姜片……各适量

## 调料

盐、料酒……各适量
水淀粉……适量
胡椒粉……适量
生抽……适量
食用油……适量

## 做法

**1** 锅中注水烧开，放入细面，将其煮熟捞出，浸入凉开水中降温，捞出待用。

**2** 热锅注油烧热，放入细面，将其煎定型制成面饼，盛出待用。

**3** 锅底留油，放入姜片，爆香，倒入处理好的蛏子、花蛤、对虾，翻炒匀。

**4** 淋入料酒，继续翻炒匀。

**5** 倒入少许高汤，加入胡椒粉、盐，翻炒入味。

**6** 淋入生抽、水淀粉，翻炒收汁，将炒好的海鲜浇在面饼上，撒上葱花即可。

## Point

买来的蛤蜊经常含有泥沙，最好提前一天购买，在家养一晚上后再烹制，味道会更鲜美。

| 烹饪时间 | 难易度 | 热量 |
|---|---|---|
| 10分钟 | ★★☆ | 1921千焦 |

# 香煎三文鱼意大利面

## 材料

三文鱼……80克
意大利面……100克
黄油……10克
牛奶……50毫升
西蓝花……适量
胡萝卜……适量
柠檬汁……适量

## 调料

盐……3克
黑胡椒……2克
香油……4毫升
白葡萄酒……适量
橄榄油……适量

**做法**

1 三文鱼洗净切块，备用。

2 三文鱼块加适量盐、黑胡椒、白葡萄酒拌匀。

3 放入柠檬汁拌匀，腌渍。

4 锅中倒入少许橄榄油，烧热，放入三文鱼块，中小火煎2分钟，翻面，再煎2分钟，盛出装盘。

5 意大利面放入沸水锅中煮熟。

6 捞出煮好的意大利面，过冷水。

7 加入牛奶、黄油和少许黑胡椒、盐，拌匀装盘。

8 西蓝花洗净切小朵，胡萝卜洗净切片。

9 沸水锅中加少许盐，放入西蓝花、胡萝卜片焯煮至熟。

10 捞出后加盐、香油拌匀装盘即可食用。

## Point

三文鱼不需烹调至特别熟烂，烧至七八分熟即可，这样味道更鲜美。

减肥也能好好吃午餐！

# 鸭血粉丝

|  |  | |
|---|---|---|
| 烹饪时间<br>9分钟 | 难易度<br>★★☆ | 热量<br>1465千焦 |

## 材料

鸭血……50克
鸡毛菜……100克
鸭胗……30克
粉丝……70克
高汤、八角……各适量
香菜碎……少许

## 调料

鸡粉……2克
胡椒粉……适量
料酒……适量
盐……适量

## 做法

1 锅中注水烧开，放入盐、八角、料酒、鸭胗，煮熟，再捞出，切成片。

2 将粉丝用开水泡发烫软。

3 切成块的鸭血放入开水中氽烫片刻，捞出待用。

4 锅中倒入高汤煮开，加盐拌匀，放入粉丝，搅拌煮熟。

5 将处理好的鸡毛菜放入，加入鸡粉、胡椒粉，搅拌匀。

6 将锅中煮熟的食材盛出摆入碗中，再摆入鸭血块、鸭胗片，浇上汤，撒上香菜碎即可。

## Point

没有高汤，可以使用浓汤宝，味道同样好。

扫一扫学烹饪

减肥也能好好吃午餐！

# 粉皮荷包蛋

|  |  | 🔥 |
|---|---|---|
| 烹饪时间 | 难易度 | 热量 |
| 7分钟 | ★☆☆ | 858千焦 |

## 材料

粉皮……160克
黄瓜……85克
彩椒……10克
鸡蛋……1个
蒜末……少许

## 调料

盐……2克
鸡粉……2克
生抽……6毫升
辣椒油……适量

## 做法

1 洗净的黄瓜切片，再切细丝；洗好的彩椒切片，再切成丝，备用。

2 锅中注水烧开，打入鸡蛋，煮5分钟，捞出荷包蛋，放凉后切成小块，备用。

3 取一个大碗，倒入泡软的粉皮。

4 放入黄瓜丝、彩椒丝，拌匀，撒上蒜末。

5 加入少许盐、鸡粉，淋入适量生抽、辣椒油，搅拌匀至入味。

6 把拌好的食材盛入盘中，放上切好的荷包蛋即可食用。

## Point

煮荷包蛋时可轻轻搅拌，这样鸡蛋才不会粘在锅底。

| 烹饪时间 | 难易度 | 热量 |
|---|---|---|
| 5分钟 | ★☆☆ | 1988千焦 |

减肥也能好好吃午餐！

# 蔬菜饼

## 材料

番茄……120克
青椒……40克
面粉……100克
包菜、鸡蛋……各50克
生菜……少许

## 调料

盐……2克
食用油……适量
益力多……适量

## 做法

1 洗净的包菜切成丝，待用。

2 洗净的青椒去子，切成块。

3 洗净的番茄去蒂，切成小块。

4 用油起锅，倒入切好的食材，再略微翻炒，至食材熟软，盛入盘中，待用。

5 碗中倒入面粉，倒入打散的鸡蛋液、益力多，拌匀，注入适量清水，加入盐，拌匀成面糊。

6 煎锅注油烧热，倒入面糊，略煎后放入适量炒好的蔬菜，摊成面饼，将面饼煎至两面呈金黄色，盛入盘中，再摆上生菜即可。

## Point

蔬菜不宜炒太熟，不仅会破坏营养，炒过后也会太湿，煎饼的时候会影响饼的成形状态，影响饼的口感。

扫一扫学烹饪

减肥也能好好吃午餐！

# 紫菜包饭

 烹饪时间
8分钟

 难易度
★★☆

 热量
1958千焦

## 材料

熟米饭……400克
胡萝卜……半根
鸡蛋……1个
牛肉馅……30克
菠菜、蒜末……各少许
紫菜、白芝麻……各适量

## 调料

生抽……5毫升
盐……10克
芝麻油……10毫升
黑胡椒粉……3克
白糖……1克
食用油……适量

## 做法

1 胡萝卜洗净切条，加盐腌渍；菠菜去老根，切段焯烫；鸡蛋打散，摊成蛋皮，切丝。

2 牛肉馅加生抽、白糖、黑胡椒粉、蒜末、5毫升芝麻油，拌匀，入油锅炒熟。

3 碗中放入米饭，再加入白芝麻、盐，拌匀，再放入剩余的芝麻油拌匀。

4 将一张紫菜放在卷帘上，铺上少许米饭，在米饭的中间位置放上胡萝卜条、菠菜段。

5 将蛋皮丝放在米饭上，最后再放入适量牛肉馅。

6 将紫菜卷慢慢卷起来，卷起竹帘，压成紫菜包饭，切成段即可食用。

## Point

制作紫菜包饭时，米饭一定要铺匀，这样做出来的成品才更加美观。

扫一扫学烹饪

| | | |
|---|---|---|
| 烹饪时间 7分钟 | 难易度 ★☆☆ | 热量 1989千焦 |

减肥也能好好吃午餐！

# 三文鱼烤饭团

## 材料

三文鱼……180克

海苔片……4张

热米饭……100克

## 调料

盐……2克

黑胡椒……适量

食用油……适量

## 做法

**1** 热锅注油烧热，放入三文鱼，煎至熟盛出装入盘中，将煎好的三文鱼剁碎。

**2** 取碗，放入鱼肉、米饭，加入盐、黑胡椒，搅拌匀。

**3** 将拌好的食材捏制成饭团。

**4** 再用备好的海苔将其卷起。

**5** 在烤盘上铺上锡纸，刷上食用油，放上饭团。

**6** 将烤盘放入烤箱，关上门，温度调为210℃，定时烤5分钟。取出烤盘，将烤好的饭团装入盘中即可食用。

### Point

喜欢海苔脆脆口感的可多烤一会儿。

减肥也能好好吃午餐！

 烹饪时间
8分钟

 难易度
★☆☆

 热量
1798千焦

# 蔬菜三明治

## 材料

吐司……2片
樱桃萝卜……100克
午餐肉……60克
奶酪……2片
生菜……适量

## 调料

蛋黄酱……20克

**做法**

1 樱桃萝卜洗净，
切成片。

2 生菜洗净。

3 午餐肉切片。

4 吐司切去四边。

5 将吐司放入预热
至180℃的烤箱
中，烤约2分钟后
取出。

6 分别在吐司的一
面抹上蛋黄酱。

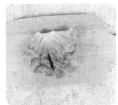

7 把吐司没有涂酱
的一面朝下放，
在上面依次放上
生菜。

8 放上切好的樱桃
萝卜片。

9 放上生菜、午餐
肉片、奶酪片，
再盖上另一片吐
司。

10 从中间一分为二
即可。

**Point**

如果想选到甜而脆的樱桃萝
卜，就选根须少的。

减肥也能好好吃午餐！

烹饪时间
5分钟

难易度
★ ☆ ☆

热量
2208千焦

# 缤纷吐司

## 材料

鸡蛋……1个

吐司……1片

火腿……2片

西柚……130克

芒果……200克

香蕉……125克

牛奶……100毫升

## 调料

盐……1克

白糖……2克

沙拉酱……适量

番茄酱……适量

食用油……适量

**做法**

1 吐司切去四边，放入盘中。

2 将火腿放入锅中，煎至两面金黄取出，放到吐司上。

3 锅中注食用油烧热，打入鸡蛋，撒上少许盐，煎至熟。

4 将煎熟的鸡蛋放到火腿上。

5 挤上番茄酱和沙拉酱即可。

6 西柚洗净对半切开，切成小瓣，去皮，切块，装入盘中。

7 芒果洗净切开，切成块，去皮，装入盘中。

8 香蕉剥取果肉，切小块。

9 取榨汁机，倒入香蕉块、白糖、牛奶。

10 榨出奶昔，装入杯中即成。

## Point

芒果还可分公母，公的肉较多，身形较长，母的则核大肉少。

减肥也能好好吃午餐！

# 午餐三明治

|  烹饪时间 8分钟 |  难易度 ★☆☆ |  热量 1862千焦 |
| --- | --- | --- |

## 材料

方片面包……80克
番茄……100克
鸡胸肉……150克
欧芹叶……适量

## 调料

蛋黄酱……20克
盐……3克
胡椒粉……5克
橄榄油……适量
糖粉……适量

## 做法

1 番茄洗净，横切成圆片；鸡胸肉洗净，横切成大片，用盐和胡椒粉腌渍片刻。

2 方片面包修齐四边，放入预热至180℃的烤箱中，烤约2分钟后取出。

3 锅中倒入橄榄油，烧热，将鸡胸肉煎熟，盛出；分别在面包一面抹上蛋黄酱。

4 把面包没有涂酱的一面朝下放，在上面依次放上欧芹叶、鸡胸肉、番茄片、面包片。

5 将码好的面包片对角切成两个三角形。

6 撒上过筛的糖粉即可。

## Point

鸡胸肉可先腌渍好，放入冰箱冷冻，随取随用。

烹饪时间
10分钟

 难易度
★☆☆

 热量
2176千焦

减肥也能好好吃午餐！

# 营养三明治

## 材料

面团……90克
火腿肠片……适量
生菜叶……适量
芝士片……适量

## 做法

1 将面团切割、整
好形。

2 取烤盘，铺上油
纸，再放上面
团，放入已预热
至180℃的烤箱
中层，烤10分钟
左右。

3 取出烤好的面
包，待用。

4 在烤好的面包正
中间划上一刀。

5 夹入洗净的生菜
叶。

6 夹入火腿肠片、
芝士片即可食
用。

## Point

中间还可以夹入番茄片、洋葱
丝等蔬菜。

减肥也能好好吃午餐！

# 鸡肉恺撒三明治

|  烹饪时间 8分钟 |  难易度 ★☆☆ |  热量 2156千焦 |

## 材料

吐司……2片
鸡胸肉……200克
生菜……50克
葱……少许
奶酪……少许

## 调料

盐……2克
生抽……少许
鸡粉……适量
黑胡椒碎……少许
橄榄油……适量
柠檬汁……适量

## 做法

1 将吐司切去四边，待用；鸡胸肉洗净切成块。

2 切好的鸡肉块加盐、鸡粉、黑胡椒碎、生抽、柠檬汁与橄榄油腌渍片刻。

3 吐司放入烤箱，烤至呈金黄色，取出。

4 锅中注入橄榄油烧热，放入腌制好的鸡胸肉，用小火煎至两面金黄，盛出。

5 将吐司放到盘中垫底，将洗净的生菜放到上面。

6 将煎好的鸡胸肉整齐摆放到上面，放上葱与奶酪和另一片吐司即可。

## Point

腌渍好的鸡胸肉可放入烤箱，与处理好的吐司片一同烤制。

|  |  |  |
|---|---|---|
| 烹饪时间 5分钟 | 难易度 ★☆☆ | 热量 326千焦 |

减肥也能好好吃午餐！

## 辣椒西芹番茄汁

### 材料

红彩椒……100克
番茄……200克
西芹……60克
红辣椒……15克

### 调料

盐……2克
黑胡椒碎……5克

### 做法

1 红彩椒洗净切块，红辣椒洗净切圈。

2 番茄洗净去蒂，切成块；西芹洗净切段。

3 将红彩椒块、番茄块一起倒入榨汁机中。

4 放入西芹段、红辣椒圈，榨成汁，备用。

5 过滤入杯中。

6 加入盐、黑胡椒碎调味即可。

### Point

这道蔬果汁利用红彩椒和红辣椒来增强身体的代谢功能，促进脂肪分解。

减肥也能好好吃午餐！

# 香瓜薄荷柠檬黄瓜汁

 烹饪时间
5分钟

 难易度
★ ☆ ☆

 热量
272千焦

## 材料

小黄瓜……150克
香瓜……120克
薄荷叶……6片
柠檬……10克

## 调料

蜂蜜……少许

## 做法

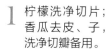

1 柠檬洗净切片；
香瓜去皮、子，
洗净切瓣备用。

2 小黄瓜洗净切
块，备用。

3 将柠檬片、小黄
瓜块一起放入榨
汁机中。

4 放入备好的香瓜
瓣、薄荷叶，加
入蜂蜜。

5 搅打成汁。

6 过滤好即可。

## Point

香瓜本身就有甜味，可以少放
一些蜂蜜。

减肥也能好好吃午餐！

# 百里香枫糖柠檬汁

| 烹饪时间 | 难易度 | 热量 |
|---|---|---|
| 5分钟 | ★☆☆ | 63千焦 |

**材料**

柠檬……10克
鲜百里香……5克

**调料**

枫糖……少许

**做法**

1 柠檬洗净切块。

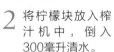

2 将柠檬块放入榨汁机中，倒入300毫升清水。

3 榨取柠檬果汁。

4 过滤后慢慢倒入杯中。

5 淋入枫糖。

6 放入洗净的鲜百里香，冷藏后即可饮用。

## Point

柠檬不宜多放，不然过酸，会影响成品口感。

# Chapter 4

## 蔬果轻食是晚餐的亮点

俗话说，早餐要吃好，午餐要吃饱，

而晚餐除了要吃少外，

更要选择合适的食材。

吃些清淡的饮食，

让你的身体越来越轻松，越来越年轻！

蔬果美食减轻身体负担！

# 香菇扒生菜

 烹饪时间 5分钟　 难易度 ★☆☆　热量 502千焦

## 材料

生菜……400克
香菇……70克
彩椒……50克

## 调料

盐……3克
鸡粉……2克
蚝油……6克
水淀粉……适量
食用油……适量
老抽、生抽……各适量

## 做法

1 将洗净的生菜切开,洗好的香菇切成小块,洗净的彩椒切粒。

2 锅中注水烧开,加入少许食用油,放入生菜,煮约1分钟后捞出,沥干水分。

3 沸水锅中再倒入切好的香菇,搅拌匀,煮约半分钟后捞出,沥干水分。

4 起油锅,倒入少许清水、香菇、少许盐、鸡粉、蚝油、生抽,略煮,加入老抽,炒匀。

5 再倒入适量水淀粉,快速翻炒一会儿,至汤汁收浓,关火待用。

6 取一个干净的盘子,放入焯煮好的生菜,摆好,盛出锅中的食材,撒上彩椒粒,摆好盘即可食用。

## Point

焯煮生菜时可适量多放些食用油,能有效去除生菜的涩味。

| 烹饪时间 | 难易度 | 热量 |
|---|---|---|
| 5分钟 | ★☆☆ | 829千焦 |

蔬果美食减轻身体负担！

# 日式拌菠菜

### 材料

菠菜……400克
辣椒丝……5克
葱末……5克
蒜泥……10克
白芝麻……3克

### 调料

生抽……3毫升
盐……2克
芝麻油……8毫升

### 做法

1 清理好的菠菜去根，切段。

2 在沸水锅中，放入菠菜、盐，焯烫2分钟至断生，捞起沥干水，凉凉，待用。

3 备好的碗中，放入蒜泥，再加入葱末。

4 淋入适量生抽，再加入少许芝麻油，加入少许白芝麻。

5 将其拌匀，调成酱汁。

6 将调好的酱汁倒入菠菜碗中拌匀后装盘，放上辣椒丝即可。

## Point

焯好的菠菜一定要挤干水分，这样拌出来的菜肴味道才会更浓郁。

蔬果美食减轻身体负担！

 烹饪时间
5分钟

 难易度
★☆☆

 热量
565千焦

# 豆芽沙拉

## 材料

黄豆芽……230克

蒜末……10克

红辣椒……10克

黑芝麻……3克

## 调料

生抽……5毫升

盐……3克

芝麻油……适量

**做法**

1 洗净的红辣椒对半切开，去子，切丝，待用。

2 热锅注水煮沸，放入少许盐。

3 放入黄豆芽。

4 焯约2分钟。

5 将焯好的黄豆芽捞起，沥干水分，待用。

6 在装有黄豆芽的碗中，放入红辣椒丝。

7 调入少许盐。

8 再放入适量蒜末，拌匀。

9 淋入生抽、芝麻油拌匀。

10 将拌好的食材倒入备好的碗中，撒上黑芝麻即可食用。

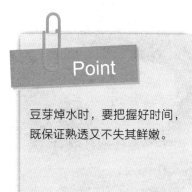

**Point**

豆芽焯水时，要把握好时间，既保证熟透又不失其鲜嫩。

蔬果美食减轻身体负担！

|  |  |  |
|---|---|---|
| 烹饪时间<br>5分钟 | 难易度<br>★☆☆ | 热量<br>440千焦 |

# 黄瓜沙拉

## 材料

黄瓜……1条
白萝卜……100克
柠檬……半个
白芝麻……少许
红辣椒丝……少许

## 调料

盐……3克
白糖……5克
苹果醋……适量
生抽……适量

## 做法

**1** 黄瓜洗净，切长段，加盐腌渍；白萝卜去皮洗净、切块，再切成5厘米长的段。

**2** 将柠檬对半切开，切成1/4大的片，备用。

**3** 备好的碗中，放入生抽、苹果醋、白糖，搅拌均匀，制成酸酱，备用。

**4** 备好的碗中，放入黄瓜段和白萝卜段，倒入酸酱，将其拌匀，腌渍片刻。

**5** 放入柠檬片，搅拌均匀，放入红辣椒丝。

**6** 撒上白芝麻，搅拌均匀，盛入盘中即可。

## Point

若喜欢偏甜的口味，可选择表面光滑少刺、皮薄肉厚的黄瓜，这种黄瓜较甜。

| 烹饪时间 | 难易度 | 热量 |
|---|---|---|
| 10分钟 | ★☆☆ | 1306千焦 |

蔬果美食减轻身体负担！

# 蔬菜蒸

### 材料

南瓜……200克
红薯……200克
西蓝花……50克

### 调料

味噌……20克
芝麻油……5毫升
蜂蜜……5克

### 做法

1 南瓜去皮、洗净，切成块。

2 红薯去皮、洗净，切段；碗中放上味噌、芝麻油、蜂蜜、温水，拌匀成味汁。

3 蒸锅置火上，放入南瓜块。

4 再放入红薯段。

5 最后放入洗净切好的西蓝花。

6 加盖蒸至食材熟透后，将蒸好的食材取出，搭配味汁食用即可。

## Point

喜欢辛辣味的可以往味汁中加入适量的辣椒油。

蔬果美食减轻身体负担！

# 甜玉米番茄沙拉

烹饪时间
6分钟

难易度
★ ☆ ☆

热量
703千焦

## 材料

甜玉米……100克
番茄……50克
青椒……20克
胡萝卜……90克
小白菜叶……适量
红椒、黄瓜……各适量

## 调料

橄榄油……适量
柠檬汁……适量
盐……适量
苹果醋……适量

## 做法

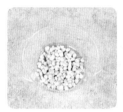

1 将甜玉米洗净，刨出玉米粒。

2 将玉米粒放入锅中，注水煮片刻，捞出，过一遍凉水。

3 番茄洗净，切瓣，备用。

4 黄瓜、胡萝卜洗净，切丁；青椒、红椒洗净，切丁。

5 将以上食材装入碗中，加入适量橄榄油、柠檬汁、盐、苹果醋，拌匀。

6 最后以小白菜叶装饰即可。

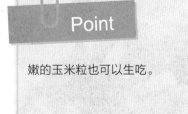

## Point

嫩的玉米粒也可以生吃。

蔬果美食减轻身体负担！

# 金枪鱼芦笋沙拉

|  |  |  |
|---|---|---|
| 烹饪时间 | 难易度 | 热量 |
| 10分钟 | ★★☆ | 1779千焦 |

## 材料

熟鸡蛋……2个
芦笋……80克
土豆……150克
生菜……100克
金枪鱼碎……100克
黑橄榄……25克

## 调料

料酒……适量
黑胡椒碎……3克
柠檬汁……5毫升
橄榄油……适量

**做法**

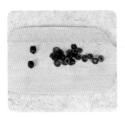

1 黑橄榄洗净切成圈。

2 生菜洗净，切成丝，备用。

3 熟鸡蛋去壳，切成两半，备用。

4 土豆去皮洗净，挖成球，备用。

5 芦笋洗净，切成段，备用。

6 将土豆球放入沸水锅中煮熟捞出，沥干水分。

7 将芦笋段放入沸水锅中汆烫3分钟至熟捞出。

8 将熟鸡蛋、芦笋段、土豆球、金枪鱼碎、黑橄榄圈、生菜丝放入碗中。

9 放入料酒、柠檬汁、橄榄油搅拌均匀。

10 最后放入黑胡椒碎拌匀即可。

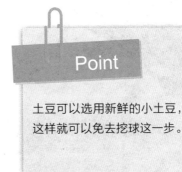

Point

土豆可以选用新鲜的小土豆，这样就可以免去挖球这一步。

蔬果美食减轻身体负担！

# 胡椒草菇薄饼

 烹饪时间
10分钟

 难易度
★★☆

 热量
887千焦

## 材料

鸡蛋……30克
牛奶……20毫升
低筋面粉……35克
草菇片……35克
樱桃番茄……适量
生菜叶……少许

## 调料

食用油……6毫升
胡椒碎……适量
盐……少许

## 做法

**1** 平底锅中倒入少许食用油加热，放入草菇片，用中小火煎至两面呈金黄色。

**2** 撒上少许盐，翻炒至入味，盛出，即成内馅；部分樱桃番茄切成片。

**3** 依次将低筋面粉、鸡蛋、牛奶、盐、清水、胡椒碎倒入玻璃碗中，拌匀，即成薄饼面糊。

**4** 平底锅擦上适量食用油加热，倒入面糊使之呈圆片状，煎至上色，即成薄饼。

**5** 放上炒好的草菇、樱桃番茄片，再将薄饼折成三角形包住食材。

**6** 翻一面，盛出装盘，撒上胡椒碎，再放上生菜叶、樱桃番茄作装饰即可。

## Point

草菇还可以换成平菇、白玉菇等菇类。

# 缤纷水果酸奶薄饼

**烹饪时间**
10分钟

**难易度**
★★☆

**热量**
1792千焦

## 材料

鸡蛋……45克

老酸奶……35克

低筋面粉……55克

无盐黄油……8克

芒果丁……30克

草莓丁……30克

草莓……2个

牛奶……适量

## 调料

细砂糖……10克

**做法**

**1** 草莓洗净，对半切开；依次将鸡蛋、牛奶放入碗中。

**2** 加入细砂糖、20克老酸奶。

**3** 倒入适量的清水，搅拌均匀。

**4** 将低筋面粉过筛至碗中，搅拌至无干粉，即成薄饼面糊。

**5** 平底锅擦上少许无盐黄油加热。

**6** 倒入薄饼面糊使之呈圆片状，用中小火煎至上色，即成薄饼。

**7** 将芒果丁、草莓丁装入小玻璃碗中，倒入10克老酸奶，拌匀，即成水果馅。

**8** 将水果馅倒在薄饼上，再将薄饼折成三角形包住水果馅，续煎一小会儿。

**9** 盛出翻一面后装在盘中，在饼上切十字刀后往外翻起。

**10** 淋上5克老酸奶，放上对半切的草莓作装饰即可食用。

## Point

饼皮稍微薄一些，不然不容易煎熟。

扫一扫学烹饪

蔬果美食减轻身体负担！

# 金枪鱼生卷

 烹饪时间 8分钟　 难易度 ★☆☆　 热量 1276千焦

## 材料

凉皮……120克
金枪鱼罐头……60克
豌豆苗……30克
黄瓜……80克
去皮胡萝卜……50克
生菜叶……4片

## 调料

咖喱粉……3克
豆瓣酱……15克
椰子油……少许

## 做法

**1** 洗净的黄瓜切片，改切成丝；胡萝卜洗净修整齐，切片，改切成丝。

**2** 往凉皮上铺上洗净的生菜叶、胡萝卜丝、黄瓜丝、金枪鱼，先将生菜卷起来。

**3** 用凉皮将食材卷起，剩下的食材都采用与上面相同的方式做成卷，放在盘中。

**4** 往备好的碗中倒入金枪鱼罐头汁、椰子油、咖喱粉、豆瓣酱，拌匀成调味汁。

**5** 将制作好的调味汁盛入备好的小碟中。

**6** 将调味汁、洗好的豌豆苗摆放在金枪鱼生卷旁边，蘸食即可。

### Point

可以搭配上适量的辣椒酱蘸着吃，这样味道会更好。

| 烹饪时间 | 难易度 | 热量 |
|---|---|---|
| 9分钟 | ★☆☆ | 2002千焦 |

蔬果美食减轻身体负担！

墨西哥卷

### 材料

全麦面团……100克
牛肉片……适量
樱桃番茄块……适量
生菜叶……适量

### 调料

盐……0.5克
黑胡椒碎……1克
沙拉酱……适量
食用油……适量

### 做法

1 用刮板将全麦面团分成两等份，擀成厚薄一致的圆形薄面皮。

2 往平底锅中倒入适量食用油，加热，放入面皮，煎至两面熟软、上色，盛出。

3 锅中倒油加热，放入牛肉片，撒上盐，煎片刻，翻面，撒上盐、少许黑胡椒碎，煎熟盛出。

4 往煎好的面饼上来回挤上沙拉酱，放上洗好的生菜叶，再来回挤上沙拉酱。

5 放上煎好的牛肉片，来回挤上沙拉酱，再放上樱桃番茄块。

6 撒上剩余黑胡椒碎，卷成卷，再用油纸包好，系上绳子即可。

### Point

牛肉本身已经有咸味儿，为了减少热量的摄入，可以减少沙拉酱的用量。

蔬果美食减轻身体负担！

# 三文鱼寿司

| 烹饪时间 8分钟 | 难易度 ★☆☆ | 热量 1884千焦 |
| --- | --- | --- |

 **材料**

新鲜三文鱼……200克
米饭……适量

 **调料**

寿司醋……适量
芝麻油……适量
青芥末……少许

**做法**

1 处理好的三文鱼从中间切成两块，备用。

2 取其中半块，切成约0.5厘米厚的片，备用。

3 再取另外半块，斜刀切片。

4 备好一个空碗，将煮好的米饭盛入碗中，加入寿司醋。

5 放入少许芝麻油，将米饭搅拌均匀。

6 将米饭中塞入三文鱼块，捏成数个长方形的饭团，表面放上切好的三文鱼生鱼片，挤上青芥末即可食用。

## Point

用手握饭团的时候，可以在手上抹适量芝麻油，以免饭粒粘在手上。

| 烹饪时间 | 难易度 | 热量 |
|---|---|---|
| 10分钟 | ★ ☆ ☆ | 2101千焦 |

蔬果美食减轻身体负担！

# 皮塔面包三明治

### 材料

全麦面团……100克
猪肉片……80克
生菜叶……适量
番茄片……适量

### 调料

食用油……适量

### 做法

1 将面团分成两等份，收口、搓圆，静置发酵。

2 用擀面杖将面团擀成长条形。

3 放在铺有油纸的烤盘上，将烤盘放入已预热至200℃的烤箱中层，烤熟。

4 平底锅中倒入适量食用油，用中火加热，夹入猪肉片煎至两面变色，盛出待用。

5 取出烤好的面包，用剪刀剪成两半。

6 将洗净的生菜叶、番茄片、猪肉片插入对半切开的面包里即可食用。

## Point

也可以直接用吐司片烤黄之后制作成三明治。

扫一扫学烹饪

烹饪时间
5分钟

难易度
★ ☆ ☆

热量
1486千焦

蔬果美食减轻身体负担！

# 牛油果菠菜奶昔

## 材料

牛油果……150克
菠菜……50克
养乐多……150毫升

## 做法

**1** 牛油果洗净去核、去皮，切成块，备用。

**2** 菠菜洗净切段。

**3** 将切好的菠菜段、牛油果块倒入榨汁杯中。

**4** 倒入养乐多、100毫升清水。

**5** 盖盖，放在榨汁机上，启动。

**6** 搅打成奶昔，倒入杯中即可。

### Point

牛油果被称为"森林奶油"，营养丰富。菠菜含有大量的植物粗纤维，具有促进肠道蠕动的作用，可以帮助消化。

| 烹饪时间 | 难易度 | 热量 |
|---|---|---|
| 5分钟 | ★☆☆ | 1109千焦 |

蔬果美食减轻身体负担！

# 苹果菠萝柠檬酸奶

## 材料

苹果……150克
菠萝肉……100克
柠檬汁……5毫升
冰块……适量
酸奶……200克

## 做法

1 菠萝肉切小块。

2 苹果洗净切小块。

3 将苹果块、菠萝块一起倒入榨汁杯中。

4 倒入酸奶。

5 加入柠檬汁。

6 放榨汁机上，打成酸奶昔，放入冰块即可。

## Point

酸奶口感绵密、口味清新，具有生津止渴、补虚开胃、润肠通便、降血脂、抗癌等功效，能调节机体内微生物的平衡，与水果是绝配。

| 烹饪时间 | 难易度 | 热量 |
|---|---|---|
| 5分钟 | ★☆☆ | 829千焦 |

蔬果美食减轻身体负担!

# 鸳鸯果汁

## 材料

芒果……150克
西瓜……300克
炼乳……5克

## 做法

**1** 芒果洗净打上"十"字花刀，削下果肉。

**2** 西瓜洗净切小块，备用。

**3** 榨汁机中倒入芒果肉。

**4** 榨约30秒成芒果昔，倒入杯中。

**5** 榨汁机中倒入备好的西瓜块，加入炼乳。

**6** 榨成西瓜昔，倒入芒果昔杯中即可食用。

## Point

芒果具有润肠通便、美白皮肤等功效。西瓜具有清热解暑、利尿除烦等功效。

115

# Chapter 5

## 无负担享用减糖下午茶

减少糖分的摄入量，可以起到瘦身的效果。

糖分是能量源，摄取量减少了，

身体需要的糖就只能从体内产出，

而合成糖分需要大量的能量，

消耗掉能量自然就达到了减肥的效果。

想要享受下午茶时光，

又担心会变胖？

一顿少糖的下午茶你值得拥有！

减糖美味更健康！

# 芝麻玉米燕麦饼

**烹饪时间**
10分钟

**难易度**
★★☆

**热量**
1674千焦

## 材料

低筋面粉……150克

玉米片……50克

黑芝麻……少许

燕麦……20克

鸡蛋液……适量

无盐黄油……10克

## 调料

细砂糖……5克

盐……0.5克

糖粉……少许

**做法**

1 将室温软化的无盐黄油、糖粉、细砂糖、盐倒入大玻璃碗中,搅打至蓬松发白。

2 分2次倒入鸡蛋液,边倒边搅打均匀。

3 将低筋面粉过筛至碗里。

4 倒入备好的玉米片、燕麦。

5 加入适量黑芝麻。

6 用橡皮刮刀翻拌均匀成面团。

7 取出面团放在铺有保鲜膜的操作台上,再用保鲜膜包裹住面团,放入冰箱冷藏。

8 取出面团,撕掉保鲜膜,再将面团分成15克一个的小球。

9 将小球轻轻搓圆后放在烤盘的油纸上,再按扁。

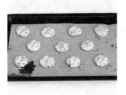

10 将烤盘放入已预热至200℃的烤箱中层,烤熟即可食用。

## Point

搅拌面糊的时候要顺着一个方向,这样面糊更加细腻。

减糖美味更健康！

| 烹饪时间 | 难易度 | 热量 |
|---|---|---|
| 10分钟 | ★★☆ | 2118千焦 |

# 美式燕麦饼干

### 材料

低筋面粉……80克

核桃、燕麦片……各35克

鸡蛋液……20克

无盐黄油……10克

即食燕麦片……10克

鸡蛋液……8克

### 调料

盐……1克

糖粉……10克

**做法**

1 将室温软化的无盐黄油、糖粉倒入大玻璃碗中，用电动打蛋器搅打均匀。

2 倒入备好的盐，搅打均匀。

3 分2次倒入20克鸡蛋液，边倒边搅打均匀。

4 倒入核桃。

5 放入燕麦片。

6 将低筋面粉过筛至碗里。

7 用刮刀翻拌至无干粉的状态。

8 取烤盘，铺上油纸，将面团分成约30克一个的小面团，搓圆后放在油纸上，按扁。

9 刷上一层鸡蛋液，撒上即食燕麦片。

10 静置片刻后将烤盘放入已预热至200℃的烤箱中层，烤熟即可。

## Point

这款饼干还可以做成咸味的，多放盐即可。

减糖美味更健康！

# 水果饼干

 烹饪时间
10分钟

 难易度
★★☆

热量
2238千焦

## 材料

低筋面粉……70克
无盐黄油……20克
细砂糖……10克
打发淡奶油……少许
草莓粒……少许

香草精……2克
盐……1克
蓝莓……少许
葡萄干……少许
橘子瓣……少许
树莓……少许

## 做法

1 将无盐黄油倒入大玻璃碗中，以软刮拌匀，倒入细砂糖、盐、香草精，拌匀。

2 将低筋面粉过筛至碗里，翻拌成无干粉的面团。

3 取出面团，擀成厚薄一致的面皮，用爱心模具按压出数个饼干坯，备用。

4 平底锅铺上高温布，放上制作好的饼干坯。

5 盖盖，用中小火煎约10分钟至饼干坯底部上色。

6 取出煎好的饼干，挤上少许打发淡奶油，放上橘子瓣、蓝莓、草莓粒、葡萄干、树莓作装饰即可。

## Point

为了减少热量的摄入，也可以不放打发淡奶油。

烹饪时间 10分钟　难易度 ★☆☆　热量 1306千焦

减糖美味更健康！

# 鲜草莓挞

## 材料

挞皮……3块
草莓……200克
酸奶……适量

## 做法

1 取出冷藏的派皮，将挞皮放入模具中，用手按压贴紧。

2 取出擀面杖，擀平模具边缘，去除多余面皮。

3 将放入挞皮的模具静置片刻，用刀刮去边缘多余面皮。

4 用叉子在挞皮内部扎出小孔，放入烤箱，以上、下火200℃烤10分钟。

5 将备好的草莓洗净，去蒂，切成小块，加入酸奶拌匀。

6 取出烤好的挞皮，放入拌好的草莓块即可。

### Point

挞皮内最好不要放入内馅，内馅的热量较高，可以用一些新鲜水果代替。

| 烹饪时间 | 难易度 | 热量 |
|---|---|---|
| 10分钟 | ★★☆ | 1122千焦 |

减糖美味更健康！

# 南瓜派

## 材料

派皮……1片
南瓜泥……116克
鸡蛋……50克
牛奶……70毫升
桂花……少许

## 做法

1 将南瓜泥和牛奶倒入大玻璃碗中，用手动打蛋器搅拌均匀。

2 将鸡蛋打入另一小碗中，搅散。

3 将拌匀的蛋液倒入装有南瓜泥的大玻璃碗中。

4 继续搅拌均匀，制成南瓜布丁馅，备用。

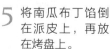

5 将南瓜布丁馅倒在派皮上，再放在烤盘上。

6 将烤盘放入已预热至180℃的烤箱中层，烤熟，撒上少许桂花作装饰即可。

### Point

南瓜泥还可以换成紫薯泥、红薯泥，同样美味健康。

减糖美味更健康！

# 牛油果挞

烹饪时间
10分钟

难易度
★☆☆

热量
1917千焦

## 材料

低筋面粉……90克
泡打粉……2克
牛油果……80克
菠萝片……适量
樱桃……少许

蜂蜜……10克
柠檬汁……3毫升

## 做法

1 将低筋面粉、泡打粉过筛，加入少许蜂蜜，拌至无干粉的状态，制成挞皮面团。

2 取出面团放在铺有保鲜膜的操作台上，将面团擀成厚度为4毫米的面皮。

3 将面皮倒扣在模具上，压实，切掉模具上多余的面皮，在面皮上戳透气孔。

4 将模具放入已预热至180℃的烤箱中层，烤熟，即成挞皮。

5 将牛油果、清水、柠檬汁倒入搅拌机中，搅打成泥，即成挞馅，备用。

6 取出烤好的挞皮脱模，再倒入挞馅至八分满，用橡皮刮刀将表面抹平，将菠萝片摆在挞馅上，再放上樱桃即可。

### Point

用水果泥代替淡奶油制作的内馅，少了甜腻，多了一种清爽的感觉，热量也比较低。

减糖美味更健康！

# 烤菠萝派

|  烹饪时间 10分钟 |  难易度 ★☆☆ | 热量 1193千焦 |

## 材料

派皮……1片
菠萝……280克
香蕉……1根

南瓜子（烤过）……少许
草莓……1个

## 做法

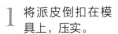

1 将派皮倒扣在模具上，压实。

2 切掉模具上多余的面皮。

3 在面皮上戳透气孔，将模具放入已预热至180℃的烤箱中层，烘烤至熟，即成派皮。

4 取出菠萝，部分切成三角形的薄片；部分切成小块。

5 将菠萝块、清水、香蕉肉倒入搅拌机中，搅打成泥，即成派馅。取出烤好的派皮脱模，再倒入派馅至八分满。

6 将切好的菠萝片放在内馅上摆成一圈，中间放上对半切开的草莓，最后撒上切碎的南瓜子作装饰即可。

## Point

也可以撒上水果粒作装饰，这样热量更低。

| 烹饪时间 | 难易度 | 热量 |
|---|---|---|
| 10分钟 | ★☆☆ | 1235千焦 |

减糖美味更健康！

# 烤苹果派

## 材料

派皮……1片

香蕉……2根

苹果……1个

杏仁碎……少许

## 做法

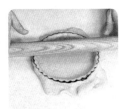
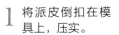

1 将派皮倒扣在模具上，压实。

2 切掉模具上多余的面皮，在面皮上戳透气孔。

3 将模具放入已预热至180℃的烤箱中层，烘烤约10分钟成派皮。

4 香蕉去皮，加少许清水搅打成泥，倒入烤好的派皮里，再用抹刀抹匀表面。

5 将苹果切开、去核，再改切成薄片，将苹果片浸泡在冰水中，以免氧化变黑。

6 捞出苹果片，一片一片摆在香蕉泥上形成一个完整的圈，撒上少许杏仁碎即可。

### Point

苹果片容易氧化，需要浸泡在冰水中。

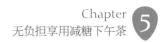

| 烹饪时间 | 难易度 | 热量 |
| --- | --- | --- |
| 8分钟 | ★ ☆ ☆ | 921千焦 |

减糖美味更健康！

# 芒果布丁

## 材料

芒果丁……60克
明胶粉……5克
清水……15毫升
牛奶……170毫升
芒果汁……35毫升

## 做法

1 将15毫升清水倒入明胶粉中泡开。

2 将备好的牛奶倒入平底锅中，用中火加热至冒热气，关火。

3 锅中倒入泡好的明胶粉，搅拌至完全混合均匀。

4 倒入备好的浓缩芒果汁。

5 用手动打蛋器搅拌至混合均匀，关火，制成布丁液，待用。

6 将布丁液倒入碗中，放入冰箱冷藏至凝固，取出冷藏好的布丁，放上芒果丁作装饰即可。

**Point**

牛奶不要煮到沸腾，这样会降低牛奶的营养价值。

|  |  |  |
|---|---|---|
| 烹饪时间<br>10分钟 | 难易度<br>★☆☆ | 热量<br>1121千焦 |

减糖美味更健康！

# 蒸烤布丁

## 材料

牛奶……200毫升
鸡蛋……2个
蜂蜜……少许

## 做法

**1** 将备好的牛奶倒入大碗中。

**2** 打入鸡蛋，用手动打蛋器搅拌均匀。

**3** 倒入蜂蜜，继续搅拌均匀，制成布丁液。

**4** 将布丁液过筛至另一个碗中，再倒入量杯中。

**5** 将布丁液倒入布丁杯中，移入烤盘。

**6** 放入已预热至155℃的烤箱中层，再往烤盘上注入适量温水，烤熟即可。

### Point

将布丁液过筛，烤出的布丁更加细腻。

减糖美味更健康！

# 青柠酒冻

| 烹饪时间 | 难易度 | 热量 |
|---|---|---|
| 8分钟 | ★☆☆ | ● 661千焦 |

## 材料

白葡萄酒……150毫升　　柠檬……2片

柠檬汁……2小匙　　　　青柠……2片

细砂糖……10克

吉利丁片……适量

冰块……适量

## 做法

1 将白葡萄酒、柠檬汁、细砂糖依次倒入锅中。

2 加入泡软的吉利丁片用软刮刀持续搅拌至吉利丁片完全溶化。

3 将步骤2的混合物泡在冰水中，隔水降温直至果冻液变得浓稠。

4 将青柠和柠檬切成薄片。

5 将制作好的果冻液倒入甜品杯中至八分满。

6 再把青柠片和柠檬片放在果冻液表面，再放上一片青柠在杯口装饰即可。

## Point

怕酸的人可以只放柠檬或者青柠，选一个即可。

减糖美味更健康！

| 烹饪时间 9分钟 | 难易度 ★★☆ | 热量 996千焦 |
|---|---|---|

# 牛奶冻

## 材料

纯牛奶……250毫升
玉米淀粉……20克
椰浆……10毫升
鱼胶粉……10克
椰蓉……少许

糖粉……10克

## 做法

1 往装有鱼胶粉的碗中倒入开水，搅拌均匀，倒入椰浆，拌匀。

2 将牛奶倒入平底锅中，用中小火加热，倒入玉米淀粉、糖粉，搅拌均匀。

3 锅中倒入搅拌至溶化的鱼胶椰浆液，边加热边搅拌至呈糊状。

4 用保鲜膜包住慕斯圈做底，撒上少许椰蓉。

5 倒入平底锅中的面糊，移入冰箱冷藏至凝固。

6 取出牛奶冻，切成条，再切成丁，将切好的牛奶冻沾裹上少许椰蓉，装入盘中即可。

## Point

椰蓉的热量较高，所以不要放过多。

减糖美味更健康!

烹饪时间　　难易度　　热量
10分钟　　★★☆　　1612千焦

# 水晶西瓜冻

## 材料

吉利丁片……8克
西瓜（半个）……1000克
细砂糖……10克

## 做法

1 将吉利丁片装入碗中，倒入适量清水。

2 用勺子将西瓜瓤挖出，装入大玻璃碗中，瓜皮留着待用。

3 用搅拌机将西瓜瓤搅打成汁。

4 将西瓜汁过筛至另一个碗中。

5 捞出泡软的吉利丁片，沥干水分，装入另一个碗中。

6 吉利丁片中倒入细砂糖，隔热水加热至熔化。

7 用勺子拌匀。

8 往碗中倒入适量西瓜汁，拌匀。

9 倒回至装有剩余西瓜汁的大玻璃碗中，拌匀后倒入量杯中。

10 取瓜皮，倒入量杯中的西瓜液，将西瓜放入冰箱冷藏至凝固，取出西瓜冻，切成块即可。

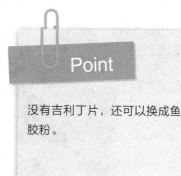

### Point

没有吉利丁片，还可以换成鱼胶粉。

减糖美味更健康！

# 柠檬红茶

 烹饪时间 5分钟　 难易度 ★☆☆　 热量 356千焦

## 材料

柠檬……10克
红茶……1包
蜂蜜……5克
薄荷叶……少许

## 做法

**1** 红茶中注入热水，泡3分钟，将红茶水放凉。

**2** 柠檬切片。

**3** 将部分柠檬片放入榨汁机，留取部分。

**4** 榨汁机中倒入放凉的红茶，榨成柠檬红茶汁。

**5** 将柠檬红茶汁过滤入杯中。

**6** 在杯中加入蜂蜜拌匀，放入剩余柠檬片、薄荷叶即可饮用。

### Point

蜂蜜有润肠的作用，可以改善便秘。红茶具有提神消疲、清热解毒、延缓衰老等功效。

| 烹饪时间 | 难易度 | 热量 |
|---|---|---|
| 5分钟 | ★☆☆ | 607千焦 |

减糖美味更健康！

## 杂果柠檬冷泡茶

### 材料

柠檬……30克　　　绿茶……1包
橙子……150克　　薄荷叶……5克
树莓……30克　　　凉开水……适量

### 做法

1 柠檬、橙子分别洗净切片。

2 备好杯子，放入切好的柠檬片、橙子片。

3 放入洗好的薄荷叶、备好的树莓、茶包。

4 注满凉开水。

5 放入冰箱，冷藏至入味。

6 取出茶包即可。

### Point

柠檬含有烟酸和丰富的有机酸，其味极酸，但它属于碱性食物，可以调节人体酸碱度。

烹饪时间
5分钟

难易度
★ ☆ ☆

热量
536千焦

 减糖美味更健康！

# 蜂蜜百香果绿茶

## 材料

百香果……50克
绿茶……10克
蜂蜜……15克

## 做法

1 将百香果切开，挖出果肉。

2 绿茶中注入开水，泡3分钟。

3 过滤掉茶叶，放凉备用。

4 取杯，将百香果肉倒入杯中。

5 注入茶水。

6 加入蜂蜜，拌匀即可。

## Point

百香果浓郁甘美、酸甜可口、果瓤多汁，有"果汁之王"的美称，可帮助消化。

149

| 烹饪时间 | 难易度 | 热量 |
|---|---|---|
| 5分钟 | ★ ☆ ☆ | 620千焦 |

减糖美味更健康!

## 树莓醋栗红茶

### 材料

树莓……60克
伯爵红茶……1包
黑莓……30克
红醋栗、蔓越莓……各30克

### 做法

1 伯爵红茶中注入开水,泡2分钟,过滤。

2 取部分洗净的红醋栗、蔓越莓一起放入榨汁机。

3 再放入部分洗净的黑莓、树莓。

4 倒入泡好的红茶,榨取果汁。

5 过滤好,倒入洗净的杯中。

6 将剩余水果倒入杯中即可。

### Point

蔓越莓对女性有很好的养护作用。而树莓、黑莓、红醋栗都有很好的补血作用。

151